上海市工程建设规范

大型物流建筑消防设计标准

Fire protection design standard for large logistics buildings

DG/TJ 08—2343—2020
J 15644—2021

主编单位：上海市机电设计研究院有限公司
　　　　　上海市消防救援总队
批准单位：上海市住房和城乡建设管理委员会
施行日期：2021 年 7 月 1 日

同济大学出版社

2021　上海

图书在版编目(CIP)数据

大型物流建筑消防设计标准 / 上海市机电设计研究
院有限公司,上海市消防救援总队主编. —上海:同济
大学出版社,2021.10
　ISBN 978-7-5608-9931-2

　Ⅰ. ①大… Ⅱ. ①上… ②上… Ⅲ. ①物流-建筑物
-消防设备-设计标准 Ⅳ. ①TU998.1-65

　中国版本图书馆 CIP 数据核字(2021)第 201160 号

大型物流建筑消防设计标准

上海市机电设计研究院有限公司
上海市消防救援总队　　　　　主编

策划编辑　张平官
责任编辑　朱　勇
责任校对　徐春莲
封面设计　陈益平

出版发行　同济大学出版社　　www. tongjipress. com. cn
　　　　　(地址:上海市四平路 1239 号　邮编:200092　电话:021－65985622)
经　　销　全国各地新华书店
印　　刷　浦江求真印务有限公司
开　　本　889mm×1194mm　1/32
印　　张　2.125
字　　数　57 000
版　　次　2021 年 10 月第 1 版　　2021 年 10 月第 1 次印刷
书　　号　ISBN 978-7-5608-9931-2
定　　价　25.00 元

上海市住房和城乡建设管理委员会文件

沪建标定〔2021〕66 号

上海市住房和城乡建设管理委员会
关于批准《大型物流建筑消防设计标准》
为上海市工程建设规范的通知

各有关单位：

由上海市机电设计研究院有限公司和上海市消防救援总队主编的《大型物流建筑消防设计标准》，经审核，现批准为上海市工程建设规范，统一编号为 DG/TJ 08—2343—2020，自 2021 年7 月 1 日起实施。

本规范由上海市住房和城乡建设管理委员会负责管理，上海市机电设计研究院有限公司负责解释。

特此通知。

上海市住房和城乡建设管理委员会
二〇二一年一月二十八日

前　言

根据上海市住房和城乡建设管理委员会《关于印发〈2015 年上海市工程建设规范编制计划〉的通知》(沪建管〔2014〕966 号)的要求,由上海市机电设计研究院有限公司、上海市消防救援总队会同有关单位,经广泛调查研究,认真总结实践经验并积极运用科研成果,在广泛征求意见的基础上,编制了本标准。

本标准共分 7 章,内容包括:总则;术语;大型物流建筑;灭火救援设施;给水、排水系统设计;电气系统设计;防烟、排烟系统设计。

各单位及相关人员在执行本标准过程中,如有意见或建议,请反馈至上海市住房和城乡建设管理委员会(地址:上海市大沽路 100 号;邮编:200003;E-mail:shjsbzgl@163.com),上海市机电设计研究院有限公司(地址:上海市北京西路 1287 号;邮编:200040;E-mail:ximingdang@126.com),或上海市建筑建材业市场管理总站(地址:上海市小木桥路 683 号;邮编:200032;E-mail:shgcbz@163.com),以供今后修订时参考。

主 编 单 位:上海市机电设计研究院有限公司

　　　　　　　上海市消防救援总队

参 编 单 位:中国海诚工程科技股份有限公司

　　　　　　　华东建筑设计研究院有限公司

　　　　　　　上海核工程研究设计院有限公司

　　　　　　　中交第三航务工程勘察设计院有限公司

　　　　　　　建学建筑与工程设计所有限公司

　　　　　　　上海华谊工程有限公司

　　　　　　　普洛斯投资(上海)有限公司

主要起草人:顾金龙　杨　波　赵华亮　钟　健　王　薇
　　　　　　黄志平　陶　佳　周惠黎　陈佩文　谈　莹
　　　　　　张小龙　张锦冈　李　勤　徐家心　李彦锋
　　　　　　赵　昕　李顺康　张　彦　李　浩　高海军
　　　　　　叶　军　陶　蓉　杨富强
主要审查人:陈文辉　朱建荣　朱伟民　陈众励　归谈纯
　　　　　　高小平　朱　鸣

上海市建筑建材业市场管理总站

目　次

Contents

1 总 则

1.0.1 为预防和减少本市大型物流建筑的火灾危害,保护人身和财产安全,制定本标准。

1.0.2 本标准所指的大型物流建筑是指单层占地面积大于 12 000 m²、多层占地面积大于 9 600 m² 和高层占地面积大于 8 000 m² 的大型存储型物流建筑。

1.0.3 本标准适用于本市新建的大型存储型物流建筑,改建、扩建大型存储型物流建筑的设计在技术条件相同时也可适用。不适用于火灾危险性类别为甲、乙类及存放化学品和火药、炸药、烟花等特殊物品的物流建筑。

1.0.4 大型物流建筑的消防设计除应符合本标准外,尚应符合国家、行业和本市现行有关标准的规定。

2 术 语

2.0.1 上人货架 loft type shelf

在物流建筑内用钢结构搭建的用于摆放货物的货架,货物存取主要采用人工搬运。

2.0.2 货物运输平台 cargo transport platform

用于物流建筑楼层上的汽车运输通道及装卸的操作平台。

2.0.3 物流活动场所 logistics activitity place

物流建筑内用于物品储存、收发、装卸、搬运、分拣、物流加工等活动的场所。

3 大型物流建筑

3.1 耐火等级和防火分区

3.1.1 大型物流建筑的占地面积和防火分区面积应符合现行国家标准《建筑设计防火规范》GB 50016 的规定。大型物流建筑的耐火等级应为一级。

3.1.2 大型物流建筑的高度不宜大于 54 m。

3.1.3 大型物流建筑内的作业区与存储区应采用防火墙分隔,作业区和存储区的防火分区面积符合现行国家标准《建筑设计防火规范》GB 50016 中有关厂房和仓库的规定。

3.1.4 当大型物流建筑内局部设置可上人货架时,上人货架的总面积不应大于所在防火分区面积的 30%,并应符合下列条件:

    1 应设置自动喷水灭火系统。

    2 应分层设置管路采样式吸气感烟火灾探测管网。

    3 各层货架之间的货架通道应设置疏散照明及疏散指示标志。

    4 灭火器应按严重危险级设置。

3.2 安全疏散与疏散距离

3.2.1 当大型物流建筑内设置可上人货架时,建筑内任一点至最近安全出口的直线距离,单层不应大于 80 m,多层不应大于 60 m,高层不应大于 40 m。

3.2.2 大型物流建筑的疏散楼梯,当建筑高度大于 24 m 时,应采用防烟楼梯间或室外楼梯;当建筑高度小于 24 m 时,应采用封闭楼梯间或室外楼梯。

3.2.3 大型物流建筑的每个防火分区应设置不少于 2 个安全出口,当在楼层货物运输平台上设置直通首层的疏散楼梯时,人员可以疏散到楼层货物运输平台;楼层货物运输平台上任一点至直通首层的疏散楼梯的距离应满足本标准第 3.2.1 条的规定。

3.3 防火构造与措施

3.3.1 大型物流建筑内不得设置与物流活动无关的功能用房。当确需设置物流管理办公室、物流收发室等附属用房时,应采用耐火极限不低于 2.50 h 的防火隔墙和不低于 1.00 h 的楼板与其他部位分隔,并应设置独立的安全出口。隔墙上如需开设相互连通的门时,应采用乙级防火门。附属用房的总建筑面积不宜超过所在防火分区面积的 5%。

3.3.2 大型物流建筑内设置搬运车辆或搬运机器人充电间时,应符合下列规定:

1 充电间应靠外墙设置,并应设置直通室外的安全出口。

2 充电间应远离明火、高温、潮湿和人员密集的作业场所。

3 充电间应采用防火墙和耐火极限不低于 1.50 h 的不燃性楼板与其他部位完全分隔。如防火墙上需开设相互连通的门时,应采用甲级防火门。

4 充电间外墙顶部宜设置通风百叶窗,其总有效通风面积不应小于 0.8 m²,且不应小于充电间地面面积的 5%。

5 充电间应采用不发火地面,其入口处宜设置人体静电释放装置。

6 有蓄电池维修功能的充电间,应设置为独立建筑。

3.3.3 大型物流建筑的承重构件采用钢结构时,应采取相应的防火保护措施,并应符合现行国家标准《建筑设计防火规范》

GB 50016 和《建筑钢结构防火技术规范》GB 51249 的规定。

3.3.4 当多座多层或高层大型物流建筑由货物运输平台连通时,货物运输平台、汽车坡道的耐火等级应为一级。平台的顶棚材料应采用不燃材料或难燃材料,其屋顶承重构件的耐火极限不应低于 1.00 h。

3.3.5 当多座多层或高层大型物流建筑由货物运输平台连通时,应符合下列规定:

    1 顶层的货物运输平台向室外敞开面积不应小于该层平台面积的 20%;其他楼层货物运输平台自然排烟面积不应小于该层平台面积的 6%。

    2 货物运输平台上设置的自然排烟井(口)应高出顶层或楼层货物运输平台不小于 1.8 m,并应均匀布置。

    3 货物运输平台的任一点与最近的自然排烟井(口)之间的水平距离不应大于 30 m。当平台高度大于 6 m 且具备良好的自然对流条件时,其水平距离不应大于 37.5 m。

    4 楼层货物运输平台内应设置自动灭火设施和消火栓。

    5 楼层货物运输平台内应设置应急照明和疏散指示标志。

3.3.6 大型物流建筑的疏散门应采用向疏散方向开启的平开门,不应采用吊门、卷帘门和推拉门。

4 灭火救援设施

4.0.1 大型物流建筑周围应设置环形消防车道,其宽度不应小于 6 m。消防车道靠建筑外墙一侧的边缘距离建筑外墙不宜小于5 m,且不应大于 15 m。

4.0.2 大型物流建筑应至少沿一条长边设置灭火救援场地,当建筑高度大于 24 m 或建筑的进深大于 120 m 时,应沿 2 条长边设置灭火救援场地。场地的宽度不应小于 10 m。场地靠建筑外墙一侧的边缘距离建筑外墙不应小于 5 m,且不应大于 15 m,场地的坡度不宜大于 3%。

4.0.3 大型物流建筑的外墙应在每层的适当位置设置可供消防救援人员进入的灭火救援窗口,并应符合下列规定:

    1 灭火救援窗口沿建筑四周均衡布置,各相邻救援窗口间距不应大于 24 m 且每个防火分区不应少于 2 个,并宜布置在不同的方向。

    2 灭火救援窗口的净面积不应小于 1.2 m²,且净高度和净宽度均不应小于 1.0 m,窗口下沿距室内地面的高度不应大于 1.2 m。

    3 灭火救援窗口的应急击碎玻璃宜采用厚度不大于 8 mm的单片钢化玻璃或中空钢化玻璃。不得采用普通玻璃、半钢化玻璃或夹层玻璃。灭火救援窗口应设置易于识别的明显标志。

    4 灭火救援窗口处宜设消防救援平台。

    5 室内货架或堆垛的设置不应妨碍灭火救援窗口的使用。

4.0.4 大型物流建筑的地上二层及以上各层应沿建筑长边设置灭火救援平台,平台的长度和宽度分别不应小于 3 m 和 1.5 m,平台之间的水平间距不应大于 40 m,平台宜与室内楼面连通,并应设置灭火救援窗口或乙级防火门。

4.0.5 当大型物流建筑防火分区进深大于 120 m 或货架连续长度大于 90 m 时(采用全自动立体存储设备及双面装卸货除外),应设置宽度不小于 8 m 的室内防火分隔带,防火隔离带内不应布置影响人员疏散和导致火灾蔓延的物品和设施,并应有明显的标志。室内防火分隔带顶部应设置可开启外窗,其面积不应小于防火分隔带地面面积的 5%,并宜均匀布置。

4.0.6 货物运输平台的宽度、坡度、转弯半径均应满足消防车通行的要求。货物运输平台两侧进行装卸作业时,平台的最小宽度不宜小于 30 m;单侧装卸作业时,平台的最小宽度不宜小于 20 m。货物运输平台仅作为车辆通行时,多层物流建筑之间的距离不应小于 10 m,高层物流建筑之间的距离不应小于 13 m。

5   给水、排水系统设计

5.1   室外消防

5.1.1   大型物流建筑的消防用水应由城市给水管网、消防水池供给。其水量按现行国家标准《消防给水及消火栓系统技术规范》GB 50974 执行。

5.1.2   当市政为两路供水且能满足室内、外消防用水时,消防给水系统可采用市政给水管网直接供水。室外消防管应布置成环状。当一路供水管发生故障时,另一路应仍能满足消防时所需要的全部水量。室外消火栓间距不应大于 80 m。

5.1.3   当市政供水无法满足室内、外消防设计水量要求时,应设置消防水池和消防水泵房。消防水池的有效容积应能满足灭火持续时间内的所需室内、外消防水量。当室外给水管网为两路进水且在火灾时能连续补水时,消防水池的有效容积可减去其中管径较小的一根进水管的进水量。当两路以上进水且在火灾时能连续补水时,消防水池的有效容积可减去其中管径较小的两根进水管的进水量。补水流速按不大于 1.5 m/s 计。

5.1.4   储存有室外消防水量的消防水池应设可供消防车取水的设施。取水设施应符合下列规定:

    1   供消防车取水的取水口或取水井,其水面深度应保证消防车的消防泵吸水高度不大于 6.0 m。

    2   当水池为半地上式且取水口设于水池上部时,取水口不应高于地面 1.5 m。当水池为半地上式且取水口设于水池下部时,其取水设施与水池的连接处应设置在水池有效水深的底部。

与消防车连接的接口应高出地坪 0.45 m。

    3 取水设施与水池间距不宜大于 5 m。

    4 每个取水设施按 15 L/s 计。

5.1.5 当基地红线外 150 m 范围内有天然水源时,宜设置天然水源取水口,将天然水源作为备用消防水源。

5.1.6 独立设置的消防泵房宜设置在室外明显处,泵房的保护距离不应大于 1 200 m。

5.2 室内消防

5.2.1 大型物流建筑应设置消火栓系统和自动灭火系统全保护。当大型物流建筑内设有自动喷水灭火系统时,消火栓水量不应折减。消火栓箱内应设消防软管卷盘。

    大型物流建筑内设置的搬运车辆或搬运机器人充电间,其危险等级按中危 II 级设置。

    大型物流建筑消火栓及喷淋水量应按现行国家标准《消防给水及消火栓系统技术规范》GB 50974 及《自动喷水灭火系统设计规范》GB 50084 执行。

5.2.2 室内消火栓的布置应同时符合下列规定:

    1 每个防火分区应满足同一平面有 2 支消防水枪的充实水柱同时到达任何一点,并应由同一防火分区内的消火栓供水。

    2 消防栓口动压力不应小于 0.35 MPa 且不应大于 0.5 MPa;当大于 0.7 MPa 时,应设置减压装置。

5.2.3 大型物流建筑的货物装卸平台内应设自动喷水灭火系统和消火栓系统保护。当平台顶棚仅为避雨使用且采用悬挑结构形式时,可不设自动喷水灭火系统。

5.2.4 大型物流建筑应设置有效容积不小于 18 m³ 的高位水箱。其系统的稳压罐有效容积应符合现行国家标准《消防给水及消火栓系统技术规范》GB 50974 的有关规定。

5.2.5 室内消火栓系统供水水泵与喷淋系统供水水泵应分开设置。

5.2.6 当大型物流建筑内设置上人货架时,其每层货架通道应设置自动喷水灭火系统。当采用流量系数为 80 的标准覆盖面积洒水喷头时,工作压力不应小于 0.2 MPa;当采用流量系数为 115 的标准覆盖面积洒水喷头时,工作压力不应小于 0.1 MPa。系统的设计流量应按货架通道的设计流量与建筑顶板下设计流量之和确定。

货架通道的喷头开放总数按同时开启 14 个洒水喷头计算。当洒水喷头超过 2 层时,按每层同时开放 7 个且同时开放层数为 2 层计算。设置洒水喷头的上方应为实层板。

5.3 消防水泵接合器

5.3.1 设有室内消火栓、自动喷水灭火系统的大型物流建筑均应设置水泵接合器。

5.3.2 水泵接合器应设置在便于使用的场所,宜布置在消防取水口附近,并应设置标有与之相对应消防系统的固定铭牌,且应注明供水系统范围和额定压力。

5.4 消防排水

5.4.1 设有消防系统的大型物流建筑室内应设消防排水。

5.4.2 大型物流建筑内每个防火分区应设有排水设施,当采用集水井排水时,有效容积不应小于 2 m³,集水井中宜设防杂物格栅。消防排水流量不应小于 15 L/s。

5.4.3 排至底层集水井的消防排水立管应按流量不小于 10 L/s 计。管材应采用金属材质。

6 电气系统设计

6.1 供配电系统

6.1.1 大型物流建筑的消防用电设备,其供电电源应符合下列规定:

1 建筑高度大于 24 m 的大型物流建筑,应按不低于一级负荷供电;其他大型物流建筑,应按不低于二级负荷供电。

2 应符合现行国家标准《供配电系统设计规范》GB 50052 的规定。

6.1.2 当采用自备发电设备作为备用电源时,自备发电设备应设置自动和手动启动装置;采用自动启动方式时,应在 30 s 内供电。

6.1.3 消防用电设备应采用专用的供电回路。备用消防电源的供电时间和容量,应满足该大型物流建筑火灾延续时间内消防用电设备的要求。

6.1.4 大型物流建筑物低压配电系统的接地形式应采用 TN-S 系统。

6.1.5 消防配电干线宜按防火分区设置。消防配电支线不宜穿越防火分区,确需穿越时,应采取防火封堵措施。

6.2 照 明

6.2.1 大型物流建筑的照明应符合下列规定:

1 物流活动场所内严禁使用表面温度高的照明灯具。

2 货架上或堆垛区的储存物品与照明灯具的间距应符合下列规定：

1）固定货架或固定货物堆垛区不应布置在照明灯具的正下方，且灯具垂直下方与储存物品的最小水平间距不得小于 0.5 m。

2）固定货架、固定货物堆垛区、移动货架、移动货物堆垛上的储存物品与照明灯具的最小间距不得小于表 6.2.1 的规定。

表 6.2.1　照明灯具与储存物品的最小间距

照明功率（W）	照明灯具与储存物品的最小间距（m）
≤100	0.5
>100～300	0.8

注：当采用物流搬运机器人的工艺时，移动货架、移动货物堆垛除应考虑储存物品的高度外，还应计及物流搬运机器人的提升高度。

3 额定功率不小于 60 W 的气体放电灯及表面温度高的灯具（包括电感镇流器）不应直接安装在可燃物体上。灯具安装的位置靠近可燃物时，应选择符合下列规定之一的灯具：

1）具有 ▽ 标记符号的限制表面温度的灯具。

2）具有 ▽ 标记符号的"P 级"热保护镇流器/变压器的灯具。

3）具有 ▽ 标记符号、所标注明温度数值不高于 130 ℃ 的热保护镇流器/变压器的灯具。

4 大型物流建筑物内的照明灯具应固定安装。

5 照明应采用集中控制或智能控制。

6.2.2 大型物流建筑物流活动场所的照明灯具及其附属装置选择应符合下列规定：

1 照明灯具应采用对发热部件具有隔热保护措施的低温照明灯具，且具有防止灯组件从灯具上坠落的措施。

2 照明灯具外壳防护等级应与环境相适应：

1）存储可燃固体火灾危险场所的照明灯具，外壳防护等级应不低于IP4X。

2）存储闪点不小于60℃的无爆炸危险可燃液体场所的照明灯具，外壳防护等级应不低于IP4X。

3）存储无爆炸危险可燃粉尘（包括纤维或飞絮）场所的照明灯具，外壳防护等级应不低于IP6X。

3 灯具或镇流器/变压器应符合现行国家标准《灯具 第1部分：一般要求与试验》GB 7000.1 的有关规定。

6.2.3 消防应急照明和疏散指示标志应符合下列规定：

1 大型物流建筑物流活动场所的下列部位应设置消防应急照明及疏散指示标志系统：

1）封闭楼梯间、防烟楼梯间及前室、消防电梯间的前室或合用前室。

2）存储区、楼层货物运输通道、上人货架的各层通道。

3）作业区、作业区至就近安全出口的疏散通道。

4）货物运输平台的下方空间。

2 大型物流建筑内物流活动场所疏散照明的地面最低水平照度应符合表 6.2.3 的规定。

表 6.2.3　大型物流建筑内物流活动场所疏散照明的地面最低水平照度

场所	最低水平照度（lx）
上下层间带坡货运通道	5
作业区	3
作业区至就近安全出口的疏散通道	
其他区域	1

辅助用房等物流活动场所以外区域的疏散照明的地面最低水平照度应符合现行国家标准《建筑设计防火规范》GB 50016 和《物流建筑设计规范》GB 51157 的规定。

3 大型物流建筑物流活动场所的疏散指示标志灯设置应符合下列规定：

  1） 有维护结构的疏散走道应设置在走道高度 1 m 以下的墙面、柱面上。

  2） 仅有柱结构且柱距超过方向标志灯规定间距的疏散走道应优先设置在走道高度 1 m 以下柱面上；其余方向标志灯设置在走道高度 1 m 以下有困难时，可设置在疏散走道的上方。无墙、柱等结构的方向标志灯设置在走道高度 1 m 以下有困难时，可设置在疏散走道的上方。设置在疏散走道上方的方向标志灯，宜设置在走道的中间；当设置在走道的中间影响到物流机械运作时，可设置在疏散走道的一侧。

  3） 有维护结构的疏散走道，方向标志灯的标志面与疏散方向垂直时，灯具的设置间距不应大于 20 m；方向标志灯的标志面与疏散方向平行时，灯具的设置间距不应大于 10 m。

  4） 开敞空间的方向标志灯的标志面与疏散方向垂直时，特大型或大型方向标志灯的设置间距不应大于 30 m，中型或小型方向标志灯的设置间距不应大于 20 m；方向标志灯的标志面与疏散方向平行时，特大型或大型方向标志灯的设置间距不应大于 15 m，中型或小型方向标志灯的设置间距不应大于 10 m。

4 当确需在物流活动场所的地面上设置保持视觉连续的方向标志灯时，灯具应采取与其物流作业所采用的物流车辆最大载重相匹配的保护措施或灯具的安装位置应避开物流车辆的行驶路线。

6.3 电气装置和电力线路

6.3.1 电气装置应符合下列规定：

1 除确需安装在现场的防火卷帘门控制箱、排烟窗控制箱等火灾时早期动作的消防设备配电箱外，其他消防用电设备的配电箱和控制箱应设置在控制室或设备间内。消防配电设备应具有红色明显标志。

2 每个防火分区的非消防用途总电源配电柜（箱）、各库房总配电柜（箱）宜设置在存储区外的其他室内空间或在物流建筑内独立的电气设备间内。

3 当电气装置满足本条第 5、6 款条件时，每个防火分区的非消防用途总电源配电柜（箱）、各库房总配电柜（箱）也可设置在物流建筑内人员出入口附近，并应满足以下要求：

    1） 当总电源配电柜（箱）设置在人员出入口附近的位置时，配电柜（箱）离堆放可燃物的距离应不小于 1.5 m。

    2） 总电源配电柜（箱）用围栏加以隔离。

4 配电柜（箱）应设置电源通断指示。人员离库后，不工作的电气设备均应切断电源，并应在出入口处设置"人员离库切断电源"的提示标志。

5 物流活动场所的电气装置选择应符合下列规定：

    1） 各配电回路应具有短路和过载保护功能。

    2） 除消防设备供电回路外，每个用电设备的供电回路应具备切断 N（中性）线的隔离措施。

    3） 应设置防止电气火灾剩余电流保护器，其额定动作电流应为 $I_{\Delta n} \leqslant 300$ mA。

    4） 除消防设备供电回路外，末端配电箱应在进线总开关下侧设置限流式电气防火保护器或在终端侧设置故障电弧保护器。

5）高度大于 12 m 的空间场所,照明回路应设置电弧故障火灾探测器。

6 当确需在存储区或作业区内设置配电柜(箱)时,除符合本条第 5 款规定外,还应符合下列规定:

1）在存储可燃固体的火灾危险场所内,具有发热元件的电气设备应采用限制表面温度保护的电气设备;在存储闪点不小于 60 ℃的无爆炸危险可燃液体场所和存储无爆炸危险可燃粉尘(包括纤维或飞絮)场所内,应采用限制表面温度保护的电气设备。

2）设备的防护等级应与环境相适应:在存储可燃固体的火灾危险场所内,电气设备外壳防护等级应不低于IP4X;在存储闪点不小于 60 ℃的无爆炸危险可燃液体场所内,电气设备外壳防护等级应不低于 IP5X;在存储无爆炸危险可燃粉尘(包括纤维或飞絮)场所内,非导电可燃粉尘环境的电气设备外壳防护等级应不低于IP5X,导电可燃粉尘环境的电气设备外壳防护等级应不低于 IP6X。

3）装有电气设备的配电屏、箱、盒等,其外壳应采用金属材料制造,设备应采用阻燃材料,内部线缆应采用阻燃型。

7 安装在物流活动场所的电动机等三相负荷的配电回路应设置断相保护。

6.3.2 电力线路应符合下列规定:

1 消防配电线路应满足火灾时连续供电的需要,选用矿物绝缘类不燃性电缆、阻燃耐火铜芯绝缘电线或电缆,其敷设应符合现行国家标准《建筑设计防火规范》GB 50016 的规定。

2 大型物流建筑中的普通配电线路应采用燃烧性能等级不低于 B_1 级的电缆;敷设在非封闭式的电缆桥架、托盘内时,应采用燃烧滴落物/微粒等级不低于 d_1 级的电缆;敷设在金属管或封闭式金属线槽内时,可采用燃烧滴落物/微粒等级为 d_2 级的电缆。

3 在货架层间敷设电气线路时,应采用穿金属管明敷设的方式。

6.3.3 存储闪点不小于 60 ℃的无爆炸危险可燃液体场所或无爆炸危险可燃粉尘(包括纤维或飞絮)场所内,电动起重机采用移动电缆供电,不得采用滑触线供电;存储固体可燃物的火灾危险场所内,电动起重机可采用防护等级为 IP5X 的安全滑触线供电。

6.4 火灾探测与报警

6.4.1 大型物流建筑应设置火灾自动报警系统。物流活动场所火灾自动报警系统应根据建筑结构、物流工艺布置、安装条件,采用一种火灾探测报警或多种火灾探测报警的组合。以人工分拣为主的场所及建筑高度大于 12 m 的空间场所,宜同时选择两种及以上火灾参数的火灾探测器。

6.4.2 大型物流建筑内物流活动场所火灾报警探测器的设置应符合下列要求:

1 存储区、作业区宜选择管路采样式吸气感烟火灾探测器、图像型感烟火灾探测器或线型光束感烟火灾探测器;辅助用房宜采用点型感烟火灾探测器。

2 当建筑高度大于 12 m 的空间场所设置管路采样式吸气感烟火灾探测报警系统时,应在货架内部设置火灾探测器。

3 上人货架应分层设置管路采样式吸气感烟火灾探测管网。

4 当无侧板货架深度大于 2.0 m 时,应在货架内设置火灾探测器。

6.4.3 当在货架内设置火灾探测器时,应符合下列规定:

1 货架内的层板当采用实层板或采用通透率小于 30％的通透板时,应每层设置火灾探测器;当采用通透率不小于 30％的通透板时,可多层共用一组火灾探测器。

    2 在货架实层板下或通透率小于 30% 的通透板下设置火灾探测时,建筑高度大于 12 m 的空间场所应采用管路采样式吸气感烟火灾探测器,其他场所宜采用管路采样式吸气感烟火灾探测器;当采用点型火灾探测器时,应在货架通道侧设置火警确认灯。

    3 货架内管路采样式吸气感烟火灾探测管分层设置时,垂直间距应不大于 10 m。

6.4.4 大型物流建筑的非消防负荷的配电回路应设置电气火灾监控系统。电气火灾监控系统的设置应符合现行国家标准《民用建筑电气设计规范》GB 51348 中"电气火灾监控系统设计"章节的有关规定。

6.4.5 疏散走道内应设置火灾报警探测器和手动火灾报警按钮。

6.4.6 大型物流建筑宜设置消防设施物联网系统。

7 防烟、排烟系统设计

7.1 防烟设计

7.1.1 大型物流建筑中封闭楼梯间、防烟楼梯间及其前室、消防电梯前室和合用前室应设置防烟系统。防烟方式宜采用自然通风;当采用自然通风有困难时,应采用机械加压送风。

7.1.2 大型物流建筑中的下列楼梯间可不设置防烟设施:

1 采用敞开的阳台或凹廊作为前室或合用前室。

2 设有不同朝向的可开启外窗的前室或合用前室,且前室的两个不同朝向的可开启外窗面积分别不小于 2.0 m²,合用前室分别不小于 3.0 m²。

7.1.3 采用自然通风方式的防烟设施应符合下列规定:

1 封闭楼梯间、防烟楼梯间,应在最高部位设置面积不小于 1.0 m² 的可开启外窗或开口;当楼梯间高度大于 10 m 时,尚应在楼梯间的外墙上每 5 层内设置总面积不小于 2.0 m² 可开启外窗或开口,且布置间隔应小于 3 层。

2 前室采用自然通风防烟方式时,独立前室、消防电梯前室可开启外窗或开口的面积不应小于 2.0 m²,合用前室不应小于 3.0 m²,且有效面积不应小于可开启外窗面积的 40%。

3 可开启外窗应方便直接开启;设置在高处不便于直接开启的可开启外窗,应在距地面高度为 1.3 m～1.5 m 的位置设置手动开启装置。

7.1.4 采用机械加压送风方式的防烟系统应符合下列规定:

1 采用独立前室且其仅有一个门与走道或房间相通时,可仅在防烟楼梯间设置机械加压送风系统。当独立前室有多个门时,楼梯间、独立前室应分别独立设置机械加压送风系统。

2 采用合用前室时,防烟楼梯间和合用前室应分别设置机械加压送风系统。

3 当防烟楼梯间采用自然通风方式防烟时,设置在独立前室、合用前室的加压送风口应在顶部或正对前室入口的墙面上。

4 当楼梯间设置加压送风竖井(管)道确有困难时,楼梯间可采用直灌式加压送风系统。直灌式加压送风系统的送风量应增加 20%。

7.1.5 机械加压送风口的设置应符合下列要求:

1 除直灌式加压送风方式外,楼梯间应每隔 2~3 层设 1 个常开式百叶送风口。

2 独立前室、合用前室、消防电梯前室应每层设 1 个常闭式加压送风口,并应设带有开启信号反馈的手动开启装置。

3 送风口的风速不宜大于 7 m/s。

4 前室加压送风口的位置应保证送风的有效性,不宜设置在被门挡住的部位。

7.1.6 机械加压送风系统应采用管道送风,不应采用土建风道。送风管道应采用不燃烧材料制作且内壁应光滑。当送风管道内壁为金属材料时,管道设计风速不应大于 20 m/s;当送风管道内壁为非金属材料时,管道设计风速不应大于 15 m/s;送风管道的厚度及制作要求应符合现行国家标准《通风与空调工程施工质量验收规范》GB 50243 中压系统风管的规定。

7.1.7 机械加压送风管道设置和耐火极限应符合下列要求:

1 竖向设置的送风管道应设置在独立的管道井内,管道井应采用耐火极限不低于 1.00 h 的隔墙与相邻部位分隔;当墙上必须设置检修门时,应采用乙级防火门。当独立设置管道井确有困难时,送风管道的耐火极限不应低于 1.00 h。

2 水平设置的送风管道,其耐火极限不应低于 1.00 h;但需要穿越疏散楼梯间及前室等场所时,其耐火极限不应低于2.00 h。

7.1.8 防烟楼梯间、独立前室、合用前室和消防电梯前室的机械加压送风的计算风量应按现行国家标准《建筑防烟排烟系统技术标准》GB 51251的规定计算或查表确定。

7.1.9 机械加压送风量应满足走道至前室至楼梯间的压力呈递增分布,余压值应符合下列要求:

    1 前室、合用前室、消防电梯前室与疏散走道之间的压差应为25 Pa~30 Pa。

    2 楼梯间与疏散走道之间的压差应为40 Pa~50 Pa。

    3 当系统余压值超过规定最大允许压力差时,应采取泄压措施。

7.1.10 设置机械加压送风系统的封闭楼梯间、防烟楼梯间,应在其顶部设置不小于$1.0 \ m^2$的固定窗。靠外墙的防烟楼梯间尚应在外墙上每4层内设置总面积不小于$2.0 \ m^2$的固定窗。

7.1.11 机械加压送风系统的设计风量不应小于计算风量的1.2倍。其送风机宜设置在系统的下部,风机应设置在专用机房内。

7.2 排烟设计

7.2.1 大型物流建筑下列部位应设置排烟系统:

    1 经常有人停留、面积大于$300 \ m^2$的地上丙类作业区。

    2 面积大于$1\ 000 \ m^2$的丙类储存用房。

    3 建筑内长度大于40 m的人员疏散走道。

    4 楼层货物运输平台上任一点至安全出口的直线距离大于30 m处。

    5 除顶层外,上人货架的货架通道中任一点至最近安全出口的距离超过40 m处。

7.2.2 设置排烟设施的场所或部位应设置防烟分区,防烟分区不应跨越防火分区。空间净高小于或等于 9 m 的防烟分区之间应采用挡烟垂壁、结构梁及隔墙分隔,挡烟垂壁等挡烟分隔设施的深度不应小于本标准第 7.2.4 条规定的储烟仓厚度。

7.2.3 大型物流建筑防烟分区的最大允许面积及其长度应符合表 7.2.3 的规定。当采用自然排烟系统时,其防烟分区的长边长度不应大于建筑内空间净高的 8 倍。

表 7.2.3 物流建筑防烟分区的最大允许面积及其长度

空间净高 H(m)	最大允许面积(m²)	长边最大允许长度(m)
$H \leqslant 3.0$	500	24
$3.0 < H \leqslant 6.0$	1 000	36
$H > 6.0$	2 000	60;具有自然对流条件时, 不应大于 75

注:1 建筑中的走道宽度不大于 2.5 m 时,其防烟分区的长边长度不应大于 60 m。

  2 在上人货架中,防烟分区按货架楼层划分,其空间净高 H 指货架楼层净高。

7.2.4 当采用自然排烟方式时,储烟仓的厚度不应小于空间净高的 20%;当采用机械排烟方式时,储烟仓的厚度不应小于空间净高的 10%,且均不应小于 500 mm,同时应保证疏散所需的最小清晰高度,最小清晰高度应按本标准第 7.2.17 条的规定及其公式计算确定。

7.2.5 排烟系统可采用自然排烟或机械排烟,同一个防烟分区应采用同一种排烟方式。

7.2.6 大型物流建筑内一个防烟分区的排烟量计算应符合下列规定:

1 建筑空间净高大于 6 m 的场所,应根据场所内的热释放速率以及现行国家标准《建筑防排排烟系统技术标准》GB 51251 的规定计算确定。采用机械排烟时,且不应小于表 7.2.6 中的数值;采用自然排烟时,设置自然排烟窗(口)所需的有效面积应按表 7.2.6 中风速计算确定。

表 7.2.6 大型物流建筑中净高大于 6 m 场所的计算排烟量及自然
排烟侧窗(口)部风速

空间净高(m)	物流作业区(×10⁴m³/h)		储存用房(×10⁴m³/h)	
	无喷淋	有喷淋	无喷淋	有喷淋
6.0	15.0	7.0	30.1	9.3
7.0	16.8	8.2	32.8	10.8
8.0	18.9	9.6	35.4	12.4
9.0	21.1	11.1	38.5	14.2
自然排烟侧窗(口)部风速(m/s)	1.01	0.74	1.26	0.84

注:1 建筑空间净高大于 9.0 m 的,按 9.0 m 取值;空间净高位于表中两个高度
之间的,按线性插入法取值。
　　2 自然排烟窗(口)面积=计算排烟量/自然排烟窗(口)处风速;当采用顶开
窗时,其自然排烟窗(口)处风速可按侧窗(口)部风速的 1.4 倍计。

2 建筑空间净高小于或等于 6 m 的场所,其排烟量应不小于 60 m³/(h·m²),且取值不小于 15 000 m³/h,或设置有效面积不小于 2% 该房间面积的排烟窗。

3 物流建筑中疏散走道设置排烟时,其机械排烟量应不小于 60 m³/(h·m²),且取值不小于 13 000 m³/h,或在走道两端(侧)均设置面积不小于 2 m² 的自然排烟窗(口),且两侧自然排烟窗(口)的距离不应小于走道长度的 2/3。

4 楼层货物运输平台应按本标准第 3.3.5 条的规定设置自然排烟口。

5 上人货架各层通道设置机械排烟时,通道所设排烟口的排烟量按通道所在防烟分区需要的排烟量确定。

7.2.7 任一层建筑面积大于 2 500 m² 设置机械排烟系统的大型物流建筑应在其外墙或屋顶设置固定窗。

7.2.8 采用机械排烟方式时,防烟分区内任一点与最近的排烟口之间的水平距离不应大于 30 m。采用自然排烟方式时,防烟分

区内任一点与最近的自然排烟窗（口）之间的水平距离不应大于建筑内空间净高的 2.8 倍且不大于 30 m。

7.2.9 自然排烟窗（口）、常闭型机械排烟口（阀）应设置手动开启装置。当物流建筑内空间净高大于 12 m 时,采用的自然排烟的窗（口）应具有火灾自动报警系统联动开启功能。

7.2.10 采用自然排烟系统的任一层面积大于 2 500 m² 的大型物流建筑,除自然排烟所需排烟窗（口）外,宜在屋面上增设可熔性采光带（窗）。

7.2.11 当一个机械排烟系统担负多个防烟分区排烟时,建筑空间净高大于 6 m 场所,其系统排烟量计算应按最大一个防烟分区的排烟量计算;建筑空间净高于 6 m 及以下场所,应按相邻两个防烟分区的排烟量之和的最大值计算。排烟系统的设计风量不应小于该系统计算风量的 1.2 倍。

7.2.12 物流建筑内设置机械排烟系统且面积大于 500 m² 的房间应设置补风系统。补风量不应小于排烟量的 50%。补风系统可采用疏散外门、手动或自动可开启外窗等自然进风方式以及机械送风方式。防火门、防火窗不得用作补风设施。补风口与排烟口设置在同一空间内相邻的防烟分区时,补风口位置不限;当补风口与排烟口设置在同一防烟分区时,补风口应设在储烟仓下沿以下,且补风口与排烟口水平距离不应少于 5 m;当补风口低于排烟口垂直距离大于 5 m 时,水平距离不作限制。机械补风口的风速不宜大于 10 m/s,自然补风口的风速不宜大于 3 m/s。

7.2.13 排烟风机应设置在专用的风机房内,烟气出口宜朝上,并应高于加压送风机的进风口和补风机的补风口,以及本层灭火救缓窗。烟气出口与加压送风机的进风口、排烟补风口设在同一面时,二者的垂直距离均不应小于 6 m 或水平距离均不小于 20 m。

7.2.14 排烟系统中任一排烟口或排烟阀开启时,该系统的排烟风机应能自行启动。在排烟风机入口处应设置能自动关闭的排烟防火阀,并联锁关闭排烟风机。

7.2.15 当火灾确认后,同一机械排烟系统中着火防烟分区的排烟口或自动排烟阀应呈开启状态,其他防烟分区的排烟口或排烟阀应呈关闭状态,并在 15 s 内自动关闭与排烟无关的通风、空调系统。

7.2.16 火灾热释放速率可按表 7.2.16 取数值,或按现行国家标准《建筑防烟排烟系统技术标准》GB 51251 的规定计算确定。

表 7.2.16　物流建筑火灾达到稳态时的热释放速率

房间净高	物流作业区 Q(MW)		储存用房 Q(MW)	
	无喷淋	有喷淋	无喷淋	有喷淋
$H \leqslant 12$ m	8.0	2.5	20	4
$H > 12$ m	8.0	8.0	20	20

7.2.17 净高不大于 3 m 的区域(走道、室内空间),其排烟口可设置在其净空高度的 1/2 以上;其他区域最小清晰高度应按下式计算:

$$H_q = 1.6 + 0.1 \times H \qquad (7.2.17)$$

式中:H——排烟空间的建筑净高度(m)。

7.2.18 排烟口的风速不宜大于 10 m/s。当防烟分区空间净高大于 3 m 时,每个排烟口的排烟量不应大于最大允许排烟量。

本标准用词说明

1 为了便于在执行本标准条文时区别对待,对于要求严格程度不同的用词,说明如下:

    1) 表示很严格,非这样做不可的用词:

      正面词采用"必须";

      反面词采用"严禁"。

    2) 表示严格,在正常情况下均应这样做的用词:

      正面词采用"应";

      反面词采用"不应"或"不得"。

    3) 表示允许稍有选择,在条件许可时首先应这样做的用词:

      正面词采用"宜";

      反面词采用"不宜"。

    4) 表示有选择,在一定条件下可以这样做的用词,采用"可"。

2 标准中指定应按其他有关标准执行时,写法为"应符合……的规定(要求)"或"应按……执行"。

引用标准名录

1 《灯具 第1部分:一般要求与试验》GB 7000.1
2 《限制表面温度灯具安全要求》GB 7000.17
3 《低压电气装置 第4—42部分:安全防护 热效应保护》GB/T 16895.2
4 《电缆及光缆燃烧性能分级》GB 31247
5 《建筑设计防火规范》GB 50016
6 《供配电系统设计规范》GB 50052
7 《爆炸危险环境电力装置设计规范》GB 50058
8 《自动喷水灭火系统设计规范》GB 50084
9 《火灾自动报警系统设计规范》GB 50116
10 《电气装置安装工程 爆炸和火灾危险环境电气装置施工及验收规范》GB 50257
11 《消防给水及消火栓系统技术规范》GB 50974
12 《物流建筑设计规范》GB 51157
13 《建筑钢结构防火技术规范》GB 51249
14 《建筑防烟排烟系统技术标准》GB 51251
15 《消防应急照明和疏散指示系统技术标准》GB 51309
16 《消防设施物联网系统技术标准》DG/TJ 08—2251

上海市工程建设规范

大型物流建筑消防设计标准

DG/TJ 08—2343—2020
J 15644—2021

条 文 说 明

2021　上海

目　次

Contents

1 总　则

1.0.1　随着物流业的发展,物流建筑的体量越来越大,其储存的可燃物也越来越多,一旦发生火灾,危害和损失极大,消防扑救难度更大。针对大型物流建筑的防火设计,要求建设、设计、施工单位和监管部门相互协作,防止和减少大型物流建筑的火灾危害,保护人身和财产安全。

1.0.2　大型物流建筑的规模与原上海市消防局《上海市大型物流仓库消防设计若干规定》(沪消〔2006〕303 号)的相关规定一致。

1.0.3　本标准是针对储存的火灾危险性类别为丙类物品的储存型大型物流建筑,由于储存丙类物品的大型物流建筑货物储存量大、火灾载荷大、危险性大,故对此类建筑在消防上加以控制。本标准不适用于储存其他火灾危险性类别的物流建筑。其中国家标准《建筑设计防火规范》GB 50016—2014(2018 年版)第 3.3.10 条第 2 款第 1)项中所提到的"棉、麻、丝、毛及其他纺织品"应指服装车间、纺织厂房的原材料以及成捆的纺织半成品,对于带包装的成品服装、床上用品、窗帘等成品纺织品并不包含在其限定范围内。

1.0.4　大型物流建筑消防设计所涉专业较多,本标准已有明确规定的,均应按本标准执行;本标准未作规定的,应执行国家现行的有关规范和标准。

2 术 语

2.0.1 上人货架是一种在大型物流建筑内设置的 2 层～3 层货架,一般存取一些轻泡及中小件货物,人工存取货物,货物通常由叉车、液压升降台或货梯送至 2 层～3 层,再由轻型小车或液压托盘车送至某一位置。

3 大型物流建筑

3.1 耐火等级和防火分区

3.1.2 随着物流业的蓬勃发展,物流建筑呈现出规模化、大型化的特点。为扩大储存空间,提高周转效率和投资收益,物流建筑的体量都比较大。通常大型物流建筑长度可以达到 300 m～400 m,宽度一般都在 60 m～80 m,一般单层的层高为 13 m 左右,多层或高层库的建筑高度更高,一旦发生火灾,给消防救援带来很大的困难。当前,我国消防救援能力的有效救援高度主要为 32 m 和 52 m,这种情况短时间内难以改变,故本标准对建筑高度加以限制。当需要建设建筑高度大于 54 m 的大型物流建筑时,应采取更严格的针对性防火技术措施,并按照国家有关规定经专项论证确定。

3.1.4 考虑到可上人货架大部分是在建筑建成后增置的,均为钢构件,货架层数较多,一般采用人工存取货物,为避免同一时段聚集的人员过多和确保人员安全,本标准对上人货架的规模进行了限制。但因工艺等原因,上人货架的总面积需大于所在防火分区面积的 30% 的,应按照规定和程序进行论证。

3.2 安全疏散与疏散距离

3.2.1 现行国家标准《建筑设计防火规范》GB 50016 中并未对仓库的安全疏散距离提出具体要求。根据物流企业的实际情况,上人货架同一时段集聚的人员较多,一旦发生火灾,对人员疏散非常不利,故本标准考虑限制设置可上人货架的大型物流建筑的疏散距离。

3.2.2 大型物流建筑物品储存量大,火灾荷载大,火灾时发烟量巨大,本条提高了对疏散楼梯间防火要求。

3.2.3 大型物流建筑之间设有货物运输平台时,由于平台具有消防车道、消防救援场地的功能,可以作为安全出口的一种选择。平台上设置直通首层的疏散楼梯,且楼层货物运输平台上任一点至疏散楼梯的疏散距离满足本标准第3.2.1条的要求时,货物运输平台可以作为安全疏散平台。货物运输平台的疏散不得借用物流建筑内的疏散楼梯。楼层货物运输平台不能利用汽车坡道作为安全疏散。

3.3 防火构造与措施

3.3.1 大型物流建筑内的附属用房是指有关物流功能必需的用房,如物流收发室、物流管理办公室等。由于附属用房经常有人,故附属用房与其他部分之间应采用防火隔墙和楼板分隔,同时设置独立出入口便于人员的安全疏散。为控制附属用房的规模,防止面积过大、人员过多,本标准提出了控制比例的要求。

3.3.2 目前大型物流建筑内货物运输大都采用电动铲车和大型搬运机器人,有条件的,应将充电间设为独立建筑;当充电间确需布置在大型物流建筑内时,由于电池品种和性能的原因,对于充电时有可能会产生少量氢气的,为防止氢气的聚集,要求建筑外墙顶部应设通风百叶窗。

3.3.3 由于目前物流建筑大部分采用钢结构,无防火保护的钢材耐火极限仅有 15 min,大型物流建筑火灾扑救难度更大、时间更长,如没有一个抗火防塌的建筑结构体系,难以保证消防救援中人员、财产安全。因此,大型物流建筑的金属承重构件应按照现行国家标准《建筑设计防火规范》GB 50016 和《建筑钢结构防火技术规范》GB 51249 的规定采取相应的防火保护措施,达到一级的耐火等级要求。

3.3.4 货物运输平台、汽车坡道是建筑物的延伸,是多座物流建筑的联系桥梁,当一座建筑发生火灾时,对其他建筑产生不利影响,故对货物运输平台和汽车坡道等提出耐火等级的要求。

3.3.5

1 为了货物运输方便快捷,多层或高层的大型物流建筑往往都设置货物运输平台,平台下有时作为运输和装卸货物的区域,有的也设计为仓储区域,长度从几十到一百多米,宽度几十米,有的还有好几层,体量相当大。当平台下方一旦发生火灾时,为了能够快速排热和排烟,要求设置均匀的竖向自然排烟井(口)。每层排烟井(口)应独立设置。

2 自然排烟井(口)的设置高度,主要是考虑下层排烟时不能影响上层平台上的人员安全疏散。

3 货物运输平台排烟不采用机械排烟方式,主要考虑烟气达到 280 ℃以后,排烟阀和排烟风机就关闭了,无法继续排烟和排热。

4 供消防车停靠实施灭火救援的货物运输平台宜设置室外消火栓系统。供消防车使用的室外消火栓压力应控制在 0.1 MPa～0.25 MPa;如压力过高,接入消防车吸水管时,会导致吸水管的破损。

4 灭火救援设施

4.0.1,4.0.2 此两条规定要求大型物流建筑物周围具有能满足基本灭火需要的消防车道和灭火救援场地。环形道路便于消防车从不同方向迅速接近火场,并有利于消防车的调度。大型物流建筑体量大,发生火灾时不仅调集的消防车数量多,而且需要调派大功率消防车参战,如上海某物流仓库火灾,过火面积约10 000 m^2,灭火现场调派了 26 辆泵浦消防车和 3 辆大功率消防车,组织了 11 路供水干线。设置灭火救援场地,有利于众多消防车辆和大型消防车辆到场后展开灭火救援行动和调度。灭火救援场地是指建筑物一侧地面设置消防车道和供消防车停靠并进行灭火救援的作业场所。

4.0.3 灭火救援窗口是为了在火灾扑救时提供一个供消防救援人员进入的救援口,同时也是排出火场热量的通道。现行国家标准《建筑设计防火规范》GB 50016 对灭火救援窗口的间距要求为不宜大于 20 m。根据调研,有的大型物流建筑柱跨为 12 m,本标准将灭火救援窗口间距要求调整为不宜大于 24 m,可以在 2 跨居中位置设置 1 个灭火救援窗口,有利于建筑立面布置。

4.0.4 在外墙设救援平台的目的是为了便于消防救援和增加室内人员的逃生通道,人员可以在该平台等待消防救援人员救援。当设置的楼层货物运输平台能确保消防救援和室内人员逃生时,该建筑长边侧可不设灭火救援平台。

4.0.5 大型物流建筑的防火分区进深较大时,根据消防救援实际情况,设置室内防火分隔带,有利于人员疏散和消防救援,本条参考了《上海市大型物流仓库消防设计若干规定》(沪消〔2006〕303 号)的相关规定。

4.0.6 对货物运输平台的宽度要求的规定,目的是在卸货作业场地宽度(满足工艺要求)以外,还应确保满足消防救援的最小宽度 5+8+5=18 m 不被侵占。

5 给水、排水系统设计

5.1 室外消防

5.1.1 大型物流建筑发生火灾时用水量较大,采用城市给水或消防水池能确保水源的供给。

5.1.2 当市政供水能满足室内、外消防水量时,室内消防用水直接抽取市政水时应征得有关部门的许可。两路供水概念与现行国家标准《消防给水及消火栓系统技术规范》GB 50974 相同。室外消火栓间距不应大于 80 m 参考了《上海市大型物流仓库消防设计若干规定》(沪消〔2006〕303 号)的相关规定。80 m 间距也能使大型物流建筑的短边也有室外消火栓保护。

5.1.3 市政两路及两路以上供水时,其消防水量并不一定满足消防时的总用水量。市政两路供水要求应满足现行国家标准《消防给水及消火栓系统技术规范》GB 50974 的有关规定。当为三路给水时,水池容量可减去最小两根进水管的流量。如市政有 DN100、DN150、DN200 进水管,水池容积只能将 DN100、DN150 两根进水管的补水量计算在内。

5.1.4 对设有室外消防水量的水池增设消防车取水设施是为了提高室外用水的保证率。

    1 与现行上海市工程建设规范《民用建筑水灭火系统设计规程》DGJ 08—94 和现行国家标准《消防给水及消火栓系统技术规范》GB 50974 一致。

    2 消防车取水口为水池上部时,距地面不高于 1.5 m 是因为吸水管从水池上部取水高度过高时,形成拱形后不能达到自灌效果进而影响消防车取水。取水设施与有效水深底部连接是最大限度利用水池有效容积。

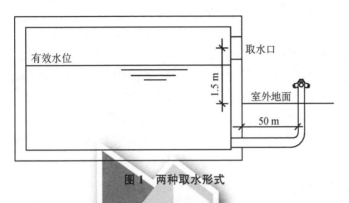

有效水位

取水口

1.5 m

室外地面

50 m

图1 两种取水形式

3 取水口与水池间距过远会增加吸水时的管道损失。取水口还包括取水井装置(可参见现行国家建筑标准设计图集《〈消防给水及消火栓系统技术规范〉图示》15S909)。

消防最高水位低于地坪时不应采用室外消火栓接口,而应采用取水井形式(详见现行国家建筑标准设计图集《〈消防给水及消火栓系统技术规范〉图示》15S909)。

5.1.5 当大型物流建筑发生火灾时,往往消防用水量巨大,由于红线外不是建设单位负责的范围,需要与属地政府或主管部门沟通,推动落实。其取水口应有防堵塞技术措施。

5.2 室内消防

5.2.1 大型物流建筑发生火灾以后,充足的水量是保证灭火的重要条件。大型物流建筑内放置物品种类繁多,发生火灾时,扑救难,不折减流量是为了更好地扑救火灾。

5.2.2

1 火灾中防火门关闭时,难以利用相邻防火分区的消火栓进入着火区域。

在全自动机械库正常工作时,无人员进出,且货架密布。消火栓要达到 2 股充实水柱同时到达任何一点确有困难,在这种情况下,应根据实际情况酌情处理。

2 消防栓口动压力超过 0.5 MPa 时,不利于消防救援人员的使用,也不利于消防水量的控制。

5.2.3 编制组在调研中发现,当运货车辆到达卸货平台后,铲车会通过卸货平台(通常比运输通道高,与室内地面相连接)将货物运送至仓库内,卸货平台顶棚下方经常会被用来临时堆放货物,因装卸平台设置于建筑物的外侧,发生火灾时,若无保护设施,会使火灾迅速蔓延。因此,应设置自动喷水灭火系统和消火栓系统。卸货平台可用室外消火栓系统进行保护,也可用室内消火栓系统延伸至建筑物外墙进行保护。当其顶棚仅为避雨使用的雨棚,其材质较轻,宽度较小,一般其结构形式为悬挑形式,可不设自动喷水灭火系统。

5.2.4 新建大型物流建筑应设屋顶消防水箱。但有些是既有建筑改建而成,部分既有建筑采用的是混凝土顶,还有的是钢屋架结构,难以增置消防水箱。在系统可靠时,可省去水箱以减少屋顶负重。本条参照了《上海市大型物流仓库消防设计若干规定》(沪消〔2006〕303 号)的相关规定。

5.2.5 在火灾发生时,消火栓系统与自动喷水灭火系统的使用时间、水量不同。如果两套系统合用一套泵,则喷淋启动规定小时后,水泵无法关闭,会继续向喷淋系统供水,消火栓水量无法控制;如果采用人工方式关闭喷淋系统进水阀,因消防泵总流量不变,将使管网压力升高。

5.2.6 上人货架上的货物是由人工分拣后送上货架的,货物通道也是操作人员行走的通道,场地较为狭小。火灾时疏散困难,每层货物通道设置的自动喷水灭火系统是最大程度保护人员疏散的设施。因为设置上人货架部分与未设置可上人货架部分的货物高度不同,所以喷淋强度应与各部位相匹配。当上人货架部分的建筑顶层下设置的喷头满足现行国家标准《自动喷水灭火系统设计规范》GB 50084 中不设货架内置洒水喷头的相关规定时，货架内可不设货架内置喷头。上人货架属于货架的范畴，因此系统的设计流量应按货架通道的设计流量与建筑顶板下设计流量之和确定。本条中喷头开放总数同时开启按 14 个洒水喷头计算是参照了现行国家标准《自动喷水灭火系统设计规范》GB 50084 中货架内开放洒水喷头的数量确定的。

当按现行国家标准《自动喷水灭火系统设计规范》GB 50084 中设置货架内置洒水喷头时，系统的设计流量应按货架通道的设计流量、货架内置洒水喷头流量及建筑顶板下设计流量之和确定。

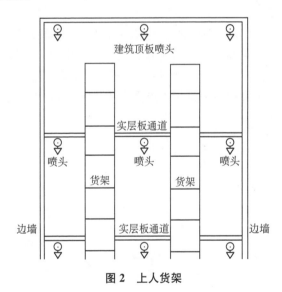

图 2　上人货架

5.3　消防水泵接合器

5.3.1　水泵接合器为扑救火灾提供了消防用水保障。大型物流建筑发生火灾时,水是最重要的灭火介质。为提高消防水量的保证率,室内消火栓系统也需设水泵接合器。当室内、外消火栓系统为合一制时,也应设置水泵接合器。

5.4 消防排水

5.4.1 消防排水可利用仓储外门、集水井和管道等。

5.4.2 在大型物流建筑中有不同防火分区,火灾时每个分区的防火门、防火卷帘会阻隔水流,且消防时水与灭火后的残渣一起混合,很难顺利流入其他防火分区的集水井中,这将会造成排水不畅,从而影响火灾扑救。因此,本标准规定在每个防火分区设置排水设施。

5.4.3 消防排水井一般设于底层,其消防排水量仅按火灾发生楼层计。当楼层排水经管道排入底层集水井中时,其排水流量不应小于 10 L/s。当集水井采用水泵排水时,排水流量不应小于 15 L/s。集水井也可以采用管道重力流排水,但也应满足 15 L/s 的排水量。

6 电气系统设计

6.1 供配电系统

6.1.1 现行国家标准《建筑设计防火规范》GB 50016 规定:"建筑高度大于 50 m 的乙、丙类厂房和丙类仓库的消防用电应按一级负荷供电""室外消防用水量大于 30 L/s 的厂房(仓库)的消防用电应按二级负荷供电"。大型物流建筑室外消防用水量均大于 30 L/s,故本条规定大型物流建筑,其消防用电应不低于二级负荷供电。

大型物流建筑可燃物的存储量大,除仓储功能外还有人工分拣操作区域,根据建筑扑救难度以及建筑发生火灾后可能的危害与损失,本标准对现行国家标准《建筑设计防火规范》GB 50016 中消防负荷供电要求作了适度提高,规定当建筑高度超过 24 m 的大型物流建筑,其消防用电应按一级负荷供电。

6.1.4 当变电所设置在大型物流建筑物内部时,低压配电系统的接地形式应采用 TN-S 系统;当变电所设置在大型物流建筑物外部时,可采用 TN-S 或 TN-C-S 系统,且 TN-C-S 系统更为经济合理,但进入大型物流建筑物内应采用 TN-S 系统。

6.1.5 一般情况下,消防配电支线应由本防火分区的消防配电箱引接。但位于两个防火分区之间的防火门等少量消防用电设备,当配电支线由相邻防火分区的消防配电箱引接更合理时,少量消防用电设备的配电支线可穿越防火分区,但应采取防止火灾从着火防火分区向相邻防火分区蔓延的措施。

6.2 照　明

6.2.1 本条规定了大型物流建筑照明的要求。

2 参考国家标准《低压电气装置　第4—42部分:安全防护　热效应保护》GB/T 16895.2—2017制定。因加工的或贮存的物料的性质而引发火灾危险的场所(BE2条件),422.3.1"灯具应与可燃材料保持足够距离。如果制造商没有提供其他信息,那么聚光灯和投影仪应在距可燃材料以下最小距离进行安装:

≤100 W	0.5 m
>100 W~300 W	0.8 m
>300 W~500 W	1.0 m
>500 W	更远距离可能是必要的

注:若制造商说明书中未作规定,上述距离意味着各个方向。

我国早先的规范或规定中,或因产品技术原因,没有特别强调灯具的安全性,而是强调了安装间距,规定了垂直下方与储存物品水平间距离不得小于0.5 m。以前仓库的规模不大,层高不高,均选用小功率照明光源,0.5 m的安全间距确实可行,但现代大型物流建筑规模大,空间高度较高,可能会采用功率超过100 W的灯具。本标准对火灾危险环境的照明规定了系列安全要求,更多的是强调照明灯具的热效应保护。根据大型物流建筑可燃物密度高的特点,按国家标准《低压电气装置　第4—42部分:安全防护　热效应保护》GB/T 16895.2—2017,补充了>100 W~300 W灯具与可燃物保持的最低安全距离。

国家标准《物流建筑设计规范》GB 51157—2016第13.2.4条规定:"照明灯具不应布置在货架的正上方,其垂直下方与储存物品水平间距不得小于0.5m。照明灯具、镇流器等靠近可燃物时,应采取隔热、散热措施。"储存区照明灯具不应布置在货架、堆垛的正上方,是因为货架、堆垛储存物体后距照明灯具距离过近时会影响照明效果,同时不利灯具检修维护。有些现代大型物流建筑会采用带人工智能的货架(堆垛),即带智能码的可移动货架(堆垛),在这种工艺下,要求智能货架避开灯具垂直下方 0.5 m 的水平间距是不现实的,故本标准仅将"不应"用于采用固定货架或固定堆垛区的储存区。对采用智能机械移动的货架或堆垛区域,则强调在灯具符合本标准第 6.2.2 条的要求下满足灯具与可燃物的最小间距要求,移动货架上最高可燃储存物与灯具下口的安全间距还应考虑移动货架移动时的抬高高度,这是因为移动货架移动时会受到就地待命指令,而此时有可能正好处于灯具下方的位置。

3 表面温度高的灯具(包括电感镇流器)按照国家标准《建筑设计防火规范》GB 50016—2016 第 10.2.4 条的条文说明,是指功率不小于 60 W 的白炽灯、卤钨灯、荧光高压汞灯、高压钠灯、金属卤素灯光源等灯具。该标准规定,灯具安装在靠近可燃物时,应采取隔热、散热等防火保护措施,但由于无具体技术指标要求,造成采购使用处于失控状态,这也是火灾危险场所的隐患之一。根据国家标准《限制表面温度灯具安全要求》GB 7000.17—2003 规定,将具体技术要求纳入了本标准。国家标准《灯具 第 1 部分:一般要求与试验》GB 7000.1—2015 第 4.16.2 条规定:"装有符合有关附件标▽符号的"P级"热保护镇流器/变压器的灯具,以及有标▽符号,所标数值不高于 130 ℃ 的注明温度的热保护镇流器/变压器的灯具,被认为是符合本条件的。"对于具有▽标记符号的限制表面温度的灯具,该标准第 12.4.2 条规定:"安装在普通可燃材料表面的灯具外壳最高温度不大于 90 ℃。"

6.2.2 我国原有的国家标准《爆炸和火灾危险环境电力装置设计规范》GB 50058—92 曾规定,在火灾危险环境 21 区的照明灯具的防护等级为 IP2X,22 区为 IP5X。近年修订了上述国家标准,更名为《爆炸危险环境电力装置设计规范》GB 50058—2014,

删除了原有的火灾危险环境电力装置设计章节目前火灾危险环境电力装置设计,已废止的 GB 50058—92 中关于火灾危险环境电力装置的规定要求又偏低。本标准灯具的防护等级参考国家标准《低压电气装置 第 4—42 部分:安全防护 热效应保护》GB/T 16895.2—2017 第 422.3.8 制定。

"422.3.8:(BE2 场所)每个灯具应:

● 适合的安装位置,且

● 配备外壳,该外壳至少是 IP4X 的防护等级,或有灰尘环境,采用 IP5X 的防护等级或,有导电性粉尘环境,提供 IP6X 的防护等级,且

● 按照 IEC 60598—2—24 要求,其表面有温度的限值,且

● 其类型应可防止灯泡部件从灯具上掉落。

由于在粉尘或纤维的场所可能会出现火灾危险,所安装的灯具应使粉尘或纤维无法集聚到危险的数量。"

后期的规范或规定中则有了一些灯具安全性要求。本标准对火灾危险环境的照明规定了系列安全要求,更多的是强调照明灯具的热效应保护,安装在大型物流建筑物的照明灯具应采用对发热部件有隔热保护措施的低温照明灯具,灯具的选用详见本标准第 6.2.1 条的条文说明。

6.2.3 本条规定了大型物流建筑消防应急照明和疏散指示标志的要求。

2 建筑功能以分拣、加工作业为主的大型物流建筑或大型物流建筑分拣、加工作业区,应急照明灯具和疏散指示标志是按工厂类型要求设置,因作业区有人员操作,同时作业区地面可能会有堆放或散落的物品,火灾断电后若无应急照明,会对人员疏散带来困难。"作业区","作业区至就近安全出口的疏散走道"是参考国家标准《建筑设计防火规范》GB 50016—2014(2018 年版)第 10.3.1 条"人员密集的厂房内的生产场所及疏散走道"的要求制定,但物流建筑的这些场所除了人员外还有分拣物品及分

拣机械,以分拣功能为主的物流建筑,货架间主通道常有分拣机械或分拣运输工具,一旦发生火灾,不利于人员疏散,国家标准《物流建筑设计规范》GB 51157—2016 第 13.2.4 条规定"楼梯间地面最低水平照度不应低于 5 lx,其他区域地面最低水平照度不应低于 1 lx";本标准对作业区、作业区至就近安全出口的疏散通道地面的疏散照明平均水平照度从不应低于 1 lx 提高到 3 lx。

3 现行国家标准《建筑设计防火规范》GB 50016 规定,疏散指示标志不应大于 20 m;2019 年 3 月 1 日起实施的国家标准《消防应急照明和疏散指示系统技术标准》GB 51309—2018 中第 3.2.9 条第 2 款规定,"展览厅、商店、候车(船)室、民航候机厅、营业厅等开敞空间场所的疏散通道应符合下列规定:1)当疏散通道两侧设置了墙、柱等结构时,方向标志灯应设置在距地面高度 1 m 以下的墙面、柱面上;当疏散通道设置在距地面高度 1 m 以下的墙面、柱面上;当疏散通道两侧无墙、柱等结构时,方向标志灯应设置在疏散通道的上方;2)方向标志灯的标志面与疏散方向垂直时,特大型或大型方向标志灯的设置间距不应大于 30 m,中型或小型方向标志灯的设置间距不应大于 20 m;方向标志灯的标志面与疏散方向平行时,特大型或大型方向标志灯的设置间距不应大于 15 m,中型或小型方向标志灯的设置间距不应大于 10 m。"但大型物流建筑柱距有可能会超过 20 m,考虑到安装疏散指示标志的最小柱间距离以及仓储区域柱间空间无法安装疏散指示标志,故本标准将"应"改成"宜"。安装间距不宜大于 20 m,仅指当疏散通道两侧未设置墙体且柱间距离大于 20 m 的情况,允许按柱间间距设置疏散指示标志。本条与现行国家标准《物流建筑设计规范》GB 51157 的条文保持一致。

4 考虑大型物流仓库运输车辆载重大,容易压碎安装在地面的方向标志灯。

6.3 电气装置和电力线路

6.3.1 本条规定了大型物流建筑电气装置的要求。

1 除确需安装在现场的防火卷帘门控制箱、排烟窗控制箱等火灾时早期动作消防设备配电箱外，其他消防用电设备的配电箱和控制箱应设置具有防火分隔的专用设备房内，是因为消防配电线路选用矿物绝缘性不燃电缆、阻燃耐火铜芯绝缘电线或电缆，可满足火灾时连续供电的需要，但消防配电箱和控制箱的耐火极限达不到消防要求，设置在专用设备房内，可提高消防电气设备的安全可靠性。

2 电源总配电柜（箱）设置应有利于平时电源集中管理监控，同时有利于火灾时技术人员切断电源进行灭火。国家标准《建筑设计防火规范》GB 50016—2014(2018 年版)第 10.2.5 条规定，"可燃材料仓库配电箱及开关应设置在仓库外"。当仓储区外的环境为户外时，对电气设备绝缘安全等十分不利，应首先考虑将配电箱设置在仓储区外的室内其他空间，或在丙类物流建筑内设独立的电气设备小间。在此情况下，配电箱可采用常规配电箱。独立的电气设备小间，其各类建筑构件的耐火等级应符合现行国家标准《建筑设计防火规范》GB 50016 的规定。

3 配电柜（箱）离堆放可燃物的距离参照国家标准《电气装置安装工程爆炸和火灾危险环境电气装置施工及验收规范》GB 50257—2014 第 6.2.2 条"装有电气设备的箱、盒等，应采用金属制品；电气开关和正常运行时产生火花或外壳表面温度较高的电气设备，应远离可燃物质的存放地点，其最小距离不应小于 3 m"。

5 第 2)项及第 3)项参考国家标准《低压电气装置 第 4—42 部分：安全防护 热效应保护》GB/T 16895.2—2017 制定。其 422.3.13："在 BE2 条件的场所，每个用电设备的供电回路应提供所有带电导体的隔离措施,因此当一个或多个带电导体断开,回路的非带电导体要保持闭合导通,这是可以通过机械联锁开关或机械联锁断路器来实现。(注:如果供电条件允许,可采用一个隔离元件隔离一组回路。)"。422.3.9:"应对终端回路和用电设备进行保护以防出现以下的绝缘故障:a)在 TN 和 TT 系统中,剩余电流保护器的额定动作电流应为 $I_{\Delta n} \leqslant 300$ mA。如电阻性故障可引起火灾(例如天花板采暖用电热膜元件),额定剩余动作电流应为 $I_{\Delta n} \leqslant 30$ mA"。根据历年消防年鉴资料统计,我国厂房(仓储)火灾中,电气火灾的占比约有三分之一,而线路故障和短路是引起电气火灾的主要原因。目前,我国现有配电设计规范中未规定火灾危险场所的用电设备的供电回路应具备切断 N(中性)线的隔离措施,以及设置防止电气火灾剩余电流保护器的措施。而该两条措施能有效控制线路故障和短路引起电气火灾。本标准将国家标准《低压电气装置 第 4—42 部分:安全防护 热效应保护》GB/T 16895.2—2017 中的有关措施编入条文。

第 4)项,当电路发生短路故障时,限流式电气防火保护器能以微秒级速度快速实行限流保护,有效地保护电源、输电线、用电设备,防止电气火灾;当发生过载电流故障时,能延时限流保护,快速切断故障电路,有效降低电气火灾危险。限流式电气防火保护器设置在配电箱进线开关下侧,其额定电流值与进线开关一致。本条与上海市工程建设规范《民用建筑电气防火设计规程》DGJ 08—2048—2016 第 5.4.8 条 "3 租赁式商场商铺、批发市场、集贸市场、甲乙丙类危险品库房等场所的末端配电箱应设置电气防火限流式保护器"以及国家标准《民用建筑电气设计规范》GB 51348—2019 第 13.5.5 条 "储备仓库、电动车充电等场所的末端回路应设置限流式电气防火保护器"保持一致。故障电弧保护器又称为故障电弧断路器,能有选择地区分无害电弧和潜在危险电弧,当发生故障电弧时,由于电流强度较小,低于断路器过电流保护的设定值,通过识别电路中的电弧故障特征信号,在电弧故障发展成为火灾或电路出现短路之前及时发现电弧并切断电路,同时具备过载保护和短路保护,被广泛用于电气防火。电弧故障保护器按国家标准《电弧故障保护电器(AFDD)的一般要求》GB/T 31143—2014制造。

北美在1993年开始研制故障电弧探测器,1996年作为独立单元问世,1997开始工厂化生产,1999年开始推广应用,2006年推出故障电弧断路器类型,2008年故障电弧保护插座类产品上市,2018年故障电弧保护与剩余电流保护组合型断路器问世。故障电弧断路器在我国的生产还刚刚起步,目前市场上对于故障电弧探测器、故障电弧保护器、故障电弧断路器的名称比较混乱,故障电弧探测器只是探测报警,不切断故障电源。故障电弧保护器除了探测功能外还能切断故障电源,故障电弧断路器是指断路器类型的故障电弧保护器。本条文采用的是保护电器。IEC 60364—4—42:2014《Protection for safety—Protection against thermal effects》(安全防护 热效应防护),新增了关于故障电弧断路器适用场所的第421.7条,如下:

"421.7 建议采用特别措施防止末端电路中电弧故障的影响:

——在具有睡眠功能的场所;

——因材料的性质,加工或储存会产生火灾危险的场所,即BE2场所(如谷仓、木材加工车间、易燃材料仓库);

——采用易燃材料作建筑结构的场所,即CA2场所(如木结构建筑);

——在火灾易蔓延的结构中,即CB2场所;

——对无可替代的物体造成危害的场所;

——不能安装在对供电连续性要求高的场所。"

根据美国国家消防协会(NFPA)对安装了故障电弧断路器与未安装的同类场所发生的火灾概率比较,作出了以下结论:电弧故障断路器可以防范75%~80%的电气线路火灾。限流式电气防火保护器一般安装在配电箱进线开关下侧(也可以在末端),带若干回路,优点是配置数量少,投资低一些,不足的是电源切断时范围较大。故障电弧断路器是安装在末端回路,其优点是仅是发生故障回路电源切断,守护更加全面,但目前售价较高。本标准同时保留了两种保护方案,条件许可时可采用末端设置故障电弧断路器的保护方案。

第5)项,国家标准《火灾自动报警系统设计规范》GB 50116—2013第12.4.6条规定:12 m以上空间"电气线路应设置电气火灾监控探测器,照明线路上应设置具有探测故障电弧功能的电气火灾监控探测器"。大型物流建筑一般空间较高,照明灯具处发生故障电弧时很难发现,故本标准规定照明回路应设置电弧故障火灾探测器。

6 《低压电气装置 第4—42部分:安全防护 热效应保护》GB/T 16895.2—2017中422.3.3:"用于保护、控制和隔离的开关装置应放置于BE2条件场所之外,除非将它们放置在外壳内,在该场所内的外壳需提供一定程度的保护,至少是IP4X防护等级或,如存在灰尘应选用IP5X防护等级或,如存在导电粉尘应选用IP6X防护等级,除非符合422.3.11条款的规定。"

国家标准《建筑物电气装置 第5—51部分:电气设备的选择和安装 通用规则》GB/T 16895.18—2010中表51A外界影响的特性中要求"在BE2场所的设备采用阻燃材料制造,并采取使其正常温升和故障期间的预计温升不会引起火灾的措施。这些要求可以靠设备的结构或它的安装条件来实现。表面温度不可能引燃附近物体的场所,不需要采取特别措施"。根据火灾危险场所的特点,本标准对装有电气设备的配电屏、箱、盒的外壳要求从阻燃材料提高到金属材料。

7 电动机等三相负荷在缺相运行时,会产生异常温度,故规定配电回路应设置断相保护。

6.3.2 本条规定了大型物流建筑电力线路的要求。

2 燃烧性能等级和燃烧滴落物/微粒等级分级取于现行国

家标准《电缆及光缆燃烧性能分级》GB 31247，对敷设在非封闭式的电缆桥架、托盘内或金属管、封闭式金属线槽内，采用不同的燃烧滴落物/微粒等级。

　　3 货架层间不应采用金属线槽，因金属线槽明敷时与货架框架和层板间有一定距离，容易在物流作业时被撞击受损，金属管强度高，可贴近货架敷设，不易受到损伤。

6.3.3 国家标准《电气装置安装工程　爆炸和火灾危险环境电气装置施工及验收规范》GB 50257—2014 第 6.3.4 条规定"在火灾危险环境具有闪点高于环境温度的可燃液体，在数量和配置上能引起火灾危险的环境或具有悬浮状、堆积状的可燃粉尘或可燃纤维，虽不可能形成爆炸混合物，但在数量和配置上能引起火灾危险的环境内，电动起重机不应采用滑触线供电；在火灾危险环境具有固体状可燃物质，在数量和配置上能引起火灾危险的环境内，电动起重机可采用滑触线供电，但在滑触线下方，不应堆置可燃物质"。该条文内容更多属于设计范畴，国家现行相关标准缺少对火灾危险环境电力装置设计的相关规定。目前已有防护等级 IP5X 的安全滑触线可以适用大型物流建筑，故将此内容纳入本标准。

6.4　火灾探测与报警

6.4.1 国家标准《火灾自动报警系统设计规范》GB 50116—2013 第 12.4.1 条规定"高度大于 12 m 的空间场所宜同时选择两种及以上火灾参数的火灾探测器"。以人工分拣为主的空间因可燃物密度高、人员密集、火灾发生后产生的影响大，12 m 以上的高空间不易观察，故采用 2 种及以上的火灾参数的火灾探测器组合来提高火灾报警可靠性。

6.4.2 单层大型物流建筑绝大部分采用钢结构形式，常常因热胀冷缩导致钢结构产生变形；或当设有起重设备时，起重设备的运行会使钢结构产生震动,导致安装在钢结构上的点对点线型光束感烟探测器产生位移,使火灾自动报警系统产生误报或失灵。采用管路采样式吸气感烟火灾探测报警系统可提高火灾报警的可靠性。

管路采样式吸气感烟火灾探测报警系统和可视图像早期火灾报警系统是我国近年来发展的两种适用于早期火灾探测的报警系统,其中管路采样式吸气感烟火灾探测器由空气采样管、烟雾探测报警器及显示控制单元组成,通过分布在探测区域内的空气采样官网上的采样孔,将空气样品抽吸到探测报警器内进行烟雾分析,并显示出保护区域内的烟雾浓度、报警和故障状态的火灾自动报警系统,在大型物流建筑中作为主要感烟探测;可视图像早期火灾报警系统是采用双波段探测器、光截面探测器、可视图像型火灾探测器、视频图像火灾探测软件和图像报警平台组成的火灾报警系统,可以作为大型物流建筑的辅助探测报警系统。在设计中应根据物流建筑的形式、环境条件等因素进行合理设置。

目前在管路采样式吸气感烟火灾探测探测系统中应用比较广泛的有两种光源,一种是最先使用在吸气式感烟火灾探测系统中的激光光源,其灵敏度较高。但缺点是受到温度和湿度的环境影响比较大,其光源会随着使用年限逐步衰减,必须返回原厂进行更换或维修,维护的成本较高。另一种是新一代高能光源,应用历史不如激光久,但使用时受环境影响较小,比如在-40 ℃~60 ℃的环境内均可正常使用,功耗比较低、寿命长。

当货架深度较浅时或有侧板时,货架内起火产生的烟雾很容易向货架通道扩散;当货架深度较深且无侧板时烟雾会沿货架横向扩散,不利于安装在建筑顶部的探测器及时探测,故规定,当无侧板货架深度大于 2.0 m 时,应在货架内设置火灾探测器。

上人货架的通道板虽然有开孔,但开孔率一般小于 10%,当发生火灾时,上层感烟火灾探测难以收集到下层的烟气,故规定应分层设置采样管网。

一般环境下,管路采样式吸气感烟火灾探测系统的设置应按照现行国家标准《火灾自动报警系统设计规范》GB 50116 的规定执行,也可参考上海市工程建设规范《民用建筑电气防火设计规程》DGJ 08—2048—2016 附录 A。可视图像早期火灾报警系统的设置应按照中国工程建设协会标准《可视图像早期火灾报警系统技术规程》CECS 448—2016 的规定执行,也可参考上海市工程建设规范《民用建筑电气防火设计规程》DGJ 08—2048—2016 附录 B。

6.4.3 本条是参照国家标准《火灾自动报警系统设计规范》GB 50116—2013 制定。该标准第 6.2.18 条感烟探测器在格栅吊顶场所的设置规定:"镂空面积与总面积的比例不大于 15％时,探测器应设置在吊顶下方""镂空面积与总面积的比例大于 30％时,探测器应设置在吊顶上方""镂空面积与总面积为 15％～30％时,探测器的设置部位应根据实际试验结果确定"。货架采用通透板可减少荷重,有利消防水灭火,但多层货架的通透板不利于点式探测器聚烟报警,故规定设置在通透板下的火灾探测应采用管路采样吸气式感烟火灾探测器。我国国家标准规定,管路采样吸气式感烟火灾探测报警管网的垂直间距不应大于 12 m。美国消防协会标准(NFPA)考虑到货架仓储物品对烟气的阻挡的影响,规定不应大于 10 m。本标准的对象是大型物流建筑,按其火灾危险程度,采用其垂直间距最大不宜超过 10 m。

6.4.4 大型物流仓储建筑室外消防用水量均大于 30 L/s,现行国家标准《建筑设计防火规范》GB 50016 规定,"建筑高度大于 50 m 的乙、丙类厂房和丙类仓库、以及室外消防用水量大于 30 L/s 的厂房(仓库)宜设置电气火灾报警监控系统"。

考虑到线路故障和短路是引起电气火灾的主要原因,根据大型物流建筑火灾危险特点,本标准将"宜"提高为"应"。

7 防烟、排烟系统设计

7.1 防烟设计

7.1.1 物流建筑中疏散楼梯间及其前室、消防电梯前室等都是建筑物发生火灾时的安全疏散、救援通道。因此,发生火灾时,应通过开启外窗或机械加压送风方式将烟气排出或阻止烟气侵入,使之形成安全通道。

7.1.2 当物流建筑中采用敞开的阳台或凹廊作为疏散楼梯间的前室或合用前室,或该室具有两个不同朝向且开启有效面积满足规定要求时,可以认为此前室或合用前室具备及时排出渗入的烟气、能够防止烟气进入疏散楼梯间的自然通风条件。

7.1.3 一旦有烟气进入楼梯间如不能及时排出,将会给上部人员的疏散和消防救援人员的扑救带来很大的危险。根据烟气流动规律,在顶层楼梯间设置一定面积的可开启外窗可防止烟气的积聚,以保证楼梯间有较好的疏散和救援条件。作为楼梯间,其最上层的外窗或外门都可以认为是在该楼梯间的最高部位设置。本条所述的设置面积是指开口面积或外窗的可开启面积。

因为可开启窗的自然通风方式如没有一定的面积保证,难以达到排烟效果。本条沿袭了国家消防技术规范对前室可开启外窗面积的技术要求,在多年的工程实践中也被证明有较强的可实施的条件。为保证可开启外窗的有效可开启面积,本条规定了窗的最小有效开启率。

对安装在高处、不便于直接开启的外窗,应在合适高度加装手动操作机械装置以实现开窗目的。

7.1.4 本条对物流建筑中采用机械加压送风系统作了设置规定。当防烟楼梯间采用独立前室时,因前室漏风泄压较少,仅在楼梯间送风而前室不送风情况下,可以形成楼梯间-前室-走道必要的压力梯度。当采用合用前室时,其和防烟楼梯间合设一个送风系统难以保证两者压力差形成,而且由于合用前室存在其他开口等因素,为保证压力梯度应分别独立设置机械加压送风防烟设施。当防烟楼梯间设有满足自然通风条件的可开启外窗,但其前室无外窗而必须加设加压送风设施,此时对所设送风口的位置有要求,使之能形成风幕有效阻隔烟气进入。在不具备采用通风竖井加压送风条件情况下,防烟楼梯间可采用直灌式加压送风方式。但没有竖井送风,楼梯间压力下降较快,送风入口楼层门的漏风量亦较大。故直灌式送风量比有竖井的加压送风量增加 20%。

7.1.5 本条对机械送风加压送风口设置要求作了规定。加压送风口设置不当,有时会导致气流不均衡,甚至烟气的逆向流动,阻碍人员的疏散,这将直接影响机械加压送风系统的防烟效果。

7.1.6 送风井(管)道应采用不燃烧材料制作。根据工程经验,采用土建风道时漏风严重,而且其沿程阻力较大,易导致机械防烟系统风量不足而失效,因此本标准规定不应采用土建井道。条文对不太光滑的非金属管道要求采用较低风速,以减小沿程压力损失,从而保证送风口出风风量和风压达到预期效果。

7.1.7 常用的加压送风管道是采用钢板制作的,遇到火焰很容易变形和损坏。因此,要求送风管道设置在独立管井内,而且其管井、风管具有一定的耐火完整性和隔热性。

7.1.9 本条规定了物流建筑采用机械加压送风时,走道-前室-楼梯间压力呈梯增分布的余压值要求。余压值是加压送风系统中的重要技术指标,目的用来足以阻止着火层的烟气在热压、风压等合力作用下进入加压部位,且同时又不致过高造成人们推不开通向疏散通道的门。

7.1.10 固定窗设置在设有机械加压送风系统的楼梯间顶层,平时不可开启,仅在火灾时便于人工破拆以及时排出火灾烟气和热量,为灭火救援提供较好的条件。

7.2 排烟设计

7.2.1 物流建筑中,当本条所列部位存在火灾危险时,往往会产生大量的浓烟,应采用排烟措施进行烟气控制。其目的是将烟层界面保持在设定的高度,提供足够的能见度,便于人员疏散和提高消防人员灭火救援的效果。本条是结合大型物流建筑的特点提出的需要排烟设施场所。上人货架楼梯的距离按其梯段水平投影长度的 1.5 倍计算。

7.2.2 划分防烟分区的挡烟垂壁等挡烟设施所需高度,应根据房间所需的清晰高度和设置排烟窗或风机排烟量等因素确定。

7.2.3 物流建筑往往单层面积大而且高,有必要划分防烟分区和设置挡烟垂壁,从而建立安全、可靠的排烟设施。发生火灾时,排烟面积过大以及不能保证最小的清晰高度,将影响排烟效果,不利于人员逃生和消防扑救。

7.2.5 本条明确了物流建筑排烟系统设置的两种方式:自然通风和机械排烟。值得注意的是,在同一防烟分区,不应同时采用自然通风和机械排烟两种方式,因为二者相互之间气流的干扰,会影响排烟效果。

7.2.6 为了确保排烟效果,本条根据物流建筑的特点,对某些场所的最小排烟量确定或开窗排烟面积要求等作了简化计算的规定。楼层货物运输平台设置自然排烟口,该排烟口在发生火灾时不仅要保证人员安全疏散排走烟气,而且还需持续排走热量,为消防救援人员进入扑救现场创造条件,故楼层货物运输平台不建议采用机械排烟方式。

7.2.9 当物流建筑高度大于 12 m 时,排烟窗必须设置自动开启装置的要求是对《上海市大型物流仓库消防设计若干规定》(沪消〔2006〕303 号)的规定的补充。

7.2.12 在同一个防火分区内可以采用疏散外门、手动或自动可开启外窗进行排烟补风,并保证补风气流不受阻隔,防火门、防火窗应处于常闭状态,因而不能作为补风途径。对于一些需要排烟的小面积房间,往往没有更多空间布置补风管道与风口,可以通过走道进行补风,但这些房间通向走道的门不能采用防火门。

7.2.13 烟气出口的设置位置还应注意不要影响灭火救援窗口的使用。